# 图片让太仓人更具幸福感

## 生态园林城市绿化100个打卡点

陈解法 / 著

Written by Chen JieFa

中国摄影出版传媒有限责任公司
China Photographic Publishing & Media Co., Ltd.
中国摄影出版社

# 目录
# CONTENTS

# ◎ 前言

当下是全民摄影时代、读图时代，加上网络的飞速发展，一图胜千语，精美的图片传播更快、更广泛。美国摄影师安塞尔·亚当斯的风光图片引发了美国西部公园的保护、开发、旅游；中国四川九寨沟通过图片宣传，名气响彻海内外；中国浙江丽水通过图片宣传，使其成为中国第一个“摄影之乡”。国内现有大部分景点都是先有图片发布，再有旅游开发，我们太仓也有很多美景，只是缺乏推广和宣传。拍摄太仓的美图作品已有不少获得国家级奖项。本书以丰富的影像呈现了太仓这座生态园林城市的独特之美，让更多人了解太仓，让太仓人更多地去发现身边的美景。太仓连续 6 届荣登“中国最具幸福感城市”榜首，“现代田园城，幸福金太仓”的口号更加响亮，太仓的幸福感需要我们传播给更多的人来体验，推出更多的打卡地吸引游客前来观光，促进太仓文化旅游。

# PREFACE

In today's era of universal photography and image-reading, coupled with the rapid development of the internet, a single image can convey more than a thousand words, and exquisite images spread faster and more widely. Ansel Adams, an American photographer, sparked the protection, development, and tourism of national parks in the western United States through his landscape photographs. Jiuzhaigou in Sichuan, China, gained fame both at home and abroad through image promotion. Lishui in Zhejiang, China, has become China's first "hometown of photography" through similar efforts. Most domestic tourist attractions today see their development preceded by the release of images. Our city of Taicang also boasts numerous beautiful landscapes, but lacks proper promotion and publicity. Many beautiful photographs of Taicang have already won national awards. This book presents the unique beauty of Taicang, an ecological garden city, through a rich collection of images, allowing more people to understand it and encouraging Taicang residents to discover the beauty around them. Taicang has topped the list of "China's Happiest Cities" for six consecutive years, and the slogan "A Modern Garden City, a Blissful Golden Taicang" has become even more resounding. It is up to us to spread the happiness of Taicang to more people, introduce more popular destinations to attract tourists, and promote cultural tourism in Taicang.

# 第一篇

## 城市绿化

## Urban greening

01

半泾河慢行道

# 半泾河游园

# 海运堤

十八港

现代田园城

现代田园城 幸福金太仓

# 双拥林

四安桥

# 太师第

兩世鼎甲

江苏省文物保护单位

# 第二篇

## 道路绿化

## Road greening

02

枫林溢韵园（组图）

枫林溢韵园

银杏流金园

银杏流金园（组图）

丹桂飘香园（组图）

丹桂飘香园

# 板桥高速入口

北京路

常胜路

东亭路

汽车站附近

水深坡陡
禁止戏水

仓隆酒店
TEL:53668888

双浮路

新港路
太仓
沙溪

雅鹿臻园东娄江路

# 第三篇

## 农业旅游

## Agricultural tourism

03

插秧

菲尼克斯

吴家湾（组图一）

吴家湾（组图二）

偃月湖（组图）

# 林场秋色

盛兴生态园

太仓盛兴
态园

双凤

勤力荷花

庆丰村

双凤秋色（组图）

清风

太星村

# 第四篇

## 园林绿化

## Landscaping

04

# 城北湿地公园

盐铁塘城区绿化带

东园

勤劳人家
春色满园

沧江楼
法治文化书苑
法治
书苑
中华圆梦
春色满园
富强 民主
文明 和谐
自由 平等
公正 法治
爱国 敬业
诚信 友善
太仓人
文明吟
太仓市民文明公约
沧江楼
法治文化书苑

恩钿月季公园

百年情思
Predstined passion

府东游园

金仓湖

# 净水公园

水深危险
注意安全

# 浏河江滩湿地公园

七十二家村（组图）

南园

# 七浦塘湿地公园

沙溪印溪湿地公园

太仓市沙溪人民医院

市民公园

ROSEDALE HOTEL

菽园

# 天镜湖公园

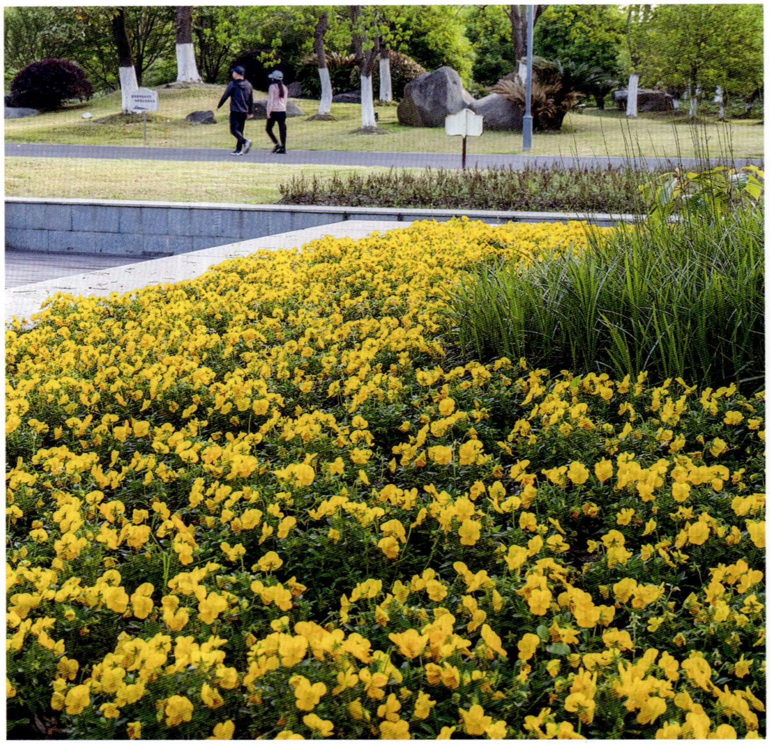

西庐园

西园

盐铁塘湿地公园

弇山公园

弇山園

平地起樓臺

城市出山林
平地起樓臺

杨林塘沿河湿地

郑和公园

# 人民路桥西堍游园

# 乐为田园城代言

红蓼花香夹岸稠，绿波春水向东流。

“现代田园城、幸福金太仓”。这句太仓人家喻户晓的宣传语，成为未来太仓城市发展的鲜明标识。“绿水青山就是金山银山”，打造一个具有现代化特色的田园城，构筑绿色生态是太仓赓续发展的底色。

每天早晨，只要不下大雨，他总会早早起身，揣着心爱的相机，或带上无人机等照相器材，开着车来到附近自定义的打卡点，集结着一群志同道合的朋友，开始沿途不停地拍摄，对着花草树木，聚焦自然风景，把一道道绿色太仓的美景收入镜中。

他叫陈解法，与共和国同龄。中国摄影家协会会员，太仓市摄影家协会名誉主席。退休至今 12 年来，他几乎天天与相机打交道，可谓“拳不离手曲不离口”。在太仓摄影界，陈解法是一个骨子里爱好摄影的摄影家。如今，他坐在自己投资创立的恒发摄影艺术馆办公，天天围着电脑导数据、修照片、搞创作，在数码影像空间里尽情遨游。他说自己一不喝酒，二不抽烟，三不打麻将，唯一的爱好就是摆弄照片和器材。他那些不同时代的各类相机收藏，见证了其在摄影道路上的跋山涉水、筚路蓝缕。

办公台一侧的书桌上，排列着整整齐齐的摄影作品集，记录着他这些年来行走于“一带一路”上的影像印记，有亚非欧诸多国家，乃至北美、北极等地，还有红外线摄影等专业画册，至于他更多的摄影创作作品，绝大多数存储于电脑中。他还经常无私帮助摄影界朋友整理照片。

以前，没有退休的日子里，他商务缠身，事业为重，总是忙里抽闲偷着玩，如今有了大把时间，完全是劳逸结合尽兴玩。他有自己的摄影座右铭，那就是“玩物不丧志”，他还取了个网名，叫“闲玩”。这些年来，“闲玩”不仅玩出了名堂，还把太仓摄影界推向新的高度。多少年来，他拍摄的作品在海内外大赛上屡次摘金夺银，去年还出版了《江南雨》个人摄影集。

“过去每年都要出国出境，去海外摄影创作采风，或者到国内著名摄影景点拍摄，出去的那些日子，几乎都是一年中最好的拍摄时节。去年以来，受新冠肺炎疫情影响，有时不能外出，只能宅在家里。”陈解法说。如今，他把大好时光留给了家乡太仓，开启了他的家乡摄影创作计划，乐为太仓打造现代田园城代言，用镜头呈现太仓最美的绿色生态景致。

在太仓，推窗见绿，移步是景；舒适宜居，古韵今辉。这是大千绿色世界的惬意生活，亦是太仓现代城市的精致品质。“一心两湖三环四园”的现代田园城市生态体系已初具规模，未来宜居城市的精神内涵不断提升。

计划用两三年时间，寻找并发现太仓 100 个绿色打卡点，包括园林、湿地、绿地等休闲场所，陈解法用图片呈现的方式，记录太仓绿色发展的日新月异。怎样以绿化为载体，做好绿色发展这篇文章？他开启了绿色影像模式，选取一个点，揣摩一道景，用春夏秋冬四季打卡，无论春暖花开，还是风霜雪月，在大自然色彩的渐变之中，感受绿色循环发展的不同意境。

三四年前，陈解法发了一组有关绿化题材的照片，“太仓，这些地方你去过了吗？”这组照片不胫而走，并在圈内泛起了不少涟漪。有人说要跟着陈总去发现去打卡。一个摄影晨练群自发形成，并像雪球般越滚越大。除了不少中老年人外，一些年轻人也欣然前来加盟。

于是陈解法和另一位摄协副主席潘亦飞前去打前站，做功课，一旦发现有适合拍摄的景点，包括物候、花期、天气、环境等，便与群内的同行一起分享。如法治公园内的迎春花，花期特别短，还要寻找错落有致的大场景，花开均匀，浓妆淡抹，为了这个独特的景致，他们整整守候了三年时间；还有萩园内的成片的杜鹃花，与此异曲同工，也是几次前去踩点拍摄，细细揣摩，直到最终满意为止。

盐铁塘北端的生态湿地、净水公园、绿化游园，是近年来新开辟的公共休闲绿地，种植了不少花卉、草木，造型别致，色彩多样。“这些打卡地移步换景，都是绿化摄影的好题材。”陈解法说道，还有党校新址南端的荷花池，一个新挖掘的池塘，映日荷叶贴着水面，在夕阳的照射下珠水晶莹剔透，可以反复拍，多角度拍，这也是提升摄影创作能力的绝佳素材。

今年七一，一群晨跑团成员自发在市民公园的绿茵步道上奔跑。在“永远跟党走”的背景板下，陈解法和摄影晨练群的影友为晨跑选手留下了精彩瞬间。像这样沉浸于绿色生态环境，老百姓感受幸福生活的场景，影友们总会按下快门，分享快乐。

“这些年，太仓城乡增添了许多别样绿地，做得相当精致。我们的绿化摄影作品要精准定位置、定时节，以便今后可以查考。”陈解法说。如今市民公园、萩园、西庐园、天镜湖、十八港等地都是太仓天然的摄影棚，红梅、腊梅、百日菊、迎春花、杜鹃花、月季花等相继绽放，成为不少摄影人取之不竭的拍摄对象。

“摄影不仅是娱乐消遣，而是我的一种生活方式。”这是陈解法的真情告白。对陈解法来说，摄影成就人生，摄影提升价值，一点也不为过。他说：“如今太仓一年四季都要拍，都可拍，都能拍，可谓满城绿地满城情。”

太阳每天都是新的。陈解法每天的行程几乎都与摄影有关，他不是在摄影的拍摄地，就是在赶赴拍摄地的路上。

文 / 宋祖荫

## 作者简介
## ABOUT THE AUTHOR

### 陈解法

生于 1949 年，中国摄影家协会会员

1996 年《老街》获周庄国际摄影大赛一等奖

1998 年《玩古》获苏州同里国际摄影大赛一等奖

2010 年《浮冰北极熊》获第 23 届全国摄影艺术展艺术类铜质收藏奖

2018 年《彩》入展中国第 17 届国际摄影艺术展

2022 年系列组照荣获江苏省文艺大奖・第四届摄影奖

# ◎ 后记

太仓，通江达海。沿江沿沪；城在田中，园在城中。全力打造一座现代田园城市，这是太仓确立高质量发展的定义坐标。

德国诗人赫尔德林说过：“充满劳绩，但还诗意地栖居在这片大地上。”太仓连续 12 次获评中国最具幸福感城市，全国绿色发展百强县市第三位。因此生活在这里的人们是幸福的。

10 多年前，与一些影友不定点的晨练，走了很多河道、村庄、湿地、园林以及沿河绿化带，看着随处满眼的绿树与花草，大家一致觉得生活在太仓这座园林城市，很有幸福感，并在朋友圈晒了图片，引起越来越多的市民关注，从而形成了一些打卡点。

这些年来，太仓以绿色低碳发展为底色，先植绿增绿，后建设发展，绿化美化同步进行，把太仓城乡建设成为一个大绿地、大花园。可以说我对太仓绿色的感受，是从家门口开始的，绿道增多了，树木成林了，花开四季，绿满大地，而且在不断地拓展、延伸和提档升级。

2020 年，中共太仓市委宣传部组织申报“太仓文化名家”需申报立项项目，当时就想用这 10 多年拍摄的绿化照片做总结，故以“图片让太仓人更具幸福感——园林生态城市绿化 100 个打卡点”这本画册作为申报项目，2021 年审批立项。

打卡的季节，打卡的地点，愿《图片让太仓人更具幸福感——园林生态城市绿化 100 个打卡点》伴你前行，乐当向导。再次出发吧，期待你一定会有不一样的发现与惊奇。因为太仓绿化标新立异，太仓发展日新月异。

陈解法

2024 年 7 月

# POSTSCRIPT

Taicang, a city connected to both rivers and the sea, straddles the Yangtze River and Shanghai, with cities nestled amidst fields and gardens within the city. It is fully committed to creating a modern garden city, defining its coordinates for high-quality development. As the German poet Friedrich Hölderlin once said, "One should dwell poetically in this world amidst the toils of daily life." Taicang has been recognized as one of China's happiest cities for 12 consecutive years and ranks third among the top 100 green development counties and cities nationwide. Therefore, living here is a blessing.

Over a decade ago, I with some photography enthusiasts, went on impromptu morning walks, exploring various rivers, villages, wetlands, gardens, and riverfront greenbelts. Witnessing the abundance of green trees and flowers everywhere, we all agreed that living in Taicang, a garden city, brought a profound sense of happiness. We shared our photos on social media, which attracted the attention of more and more citizens, eventually leading to the formation of several popular photography spots.

In recent years, Taicang has prioritized green and low-carbon development, prioritizing afforestation and greening before construction and development. Greening and beautification have progressed in tandem, transforming Taicang into a vast green space and garden. My personal experience with Taicang's greenery began right at my doorstep, as greenways multiplied, trees formed forests, flowers bloomed throughout the four seasons, and greenery spread across the land. This process continues to expand, extend, and upgrade.

In 2020, the Publicity Department of the CPC Taicang Municipal Committee organized the application for the "Taicang Cultural Celebrities" program, which required the submission of projects. At that time, I wanted to summarize the greening photos I had taken over the past decade, so I proposed the album titled "Pictures Bring Greater Happiness to Taicang People - 100 Photo Spots of Garden and Ecological City Greening" as a project. It was approved and established in 2021.

As you embark on your photo-taking journey, may the album "Pictures Bring Greater Happiness to Taicang People - 100 Photo Spots of Garden and Ecological City Greening" accompany you and serve as your guide. Set out once again, and I eagerly anticipate your unique discoveries and surprises. Taicang's greening efforts are innovative and pioneering, and its development is advancing rapidly with each passing day.

Chen jiefa

July 2024

**图书在版编目（CIP）数据**

图片让太仓人更具幸福感 ：生态园林城市绿化100个打卡点 / 陈解法编. -- 北京 ：中国摄影出版传媒有限责任公司，2024. 8. -- ISBN 978-7-5179-1452-5

Ⅰ. TU984.2

中国国家版本馆CIP数据核字第2024MB8564号

---

**图片让太仓人更具幸福感——生态园林城市绿化 100 个打卡点**

作　　者：陈解法
主　　编：王　勇　潘亦飞
责任编辑：徐　静
策　　划：任雪英
出　　版：中国摄影出版传媒有限责任公司（中国摄影出版社）
　　　　　地址：北京市东城区东四十二条 48 号　邮编：100007
　　　　　发行部：010-65136125　65280977
　　　　　网址：www.cpph.com
　　　　　邮箱：distribution@cpph.com
印　　刷：上海雅昌艺术印刷有限公司
开　　本：1/12 开
纸张规格：787×1092 mm
印　　张：19.6
版　　次：2024 年 8 月第 1 版
印　　次：2024 年 8 月第 1 次印刷
印　　数：1-500 册
ISBN 978-7-5179-1452-5
定　　价：480.00 元

105 四季　太仓市华盛一园西南 100 米（人民路东）

106-107 四季　太仓市华盛一园

108 四季　太仓市新华西路 9 号华旭广场（致和塘西路）

109 四季　太仓市观塘路 76 号

110-113 四季　太仓市县府街 3-14 号娄东新村（县府街北）

114-117 五月　太仓市浮桥镇岳王现代农业园玫瑰路 5 号恩田月季公园

118-119 四季　太仓市交通运输应急指挥中心西南 50 米

120-121 四季　太仓市花园港路花园港苑西

122-123 四季　太仓市新华东路 1 号新东园宾馆西北 50 米（太平南路东）

124 秋季　太仓市城厢镇北黄泥浜

125 四季　太仓市朱泾（浏双线北）

126-127 秋季　太仓市城厢镇北黄泥浜西

128-129 春季　太仓市疏朗草坪（太沙公路东）

130-133 秋冬　太仓市城厢镇吴泾桥

134-135 四季　太仓市城厢镇紫门桥

136-137 四季　太仓华鳌汽车贸易有限公司西南门南（S339 南）

138 四季　太仓市苏州西路永通华阳汽车销售有限公司电动汽车充电站南

139 春季　太仓市大连东路 98 号太仓市拉夏贝尔物流中心

140 春季　太仓市浏河镇碧桂园东北 200 米江滩湿地公园

141 四季　太仓市浏河镇七十二家村

142-143 春季　太仓市浏阳路 118 号太仓旭莱自动化机械有限公司西南 50 米（滨河新路南）

144-149 秋冬季　太仓市南园东路 9-3 号南园

150-151 夏季　太仓市南园东路 9-3 号南园

152 春季　太仓市南园东路 9-3 号南园

153-155 春季　太仓市南园东路 9-3 号南园

156 春季　太仓市浮宅路七浦塘大桥西 300 米

157 秋季　太仓市浮宅路滨江名都东南 400 米

158-159 春季　太仓市浮桥镇季家湾

160-161 春季　太仓市七浦塘东南 100 米（龙江路东）

162-163 春　太仓市沙溪镇荣池

164-167 秋　太仓市上海东路娄东街道李家巷

168-169 春　太仓市华侨花园西北 100 米（朝阳东路北）

170-171 春　太仓市上海东路市民公园

172 四季　太仓市娄东街道太东社区

173-174 春季　太仓市华侨花园西北 150 米（朝阳东路北）

175-177 春季　太仓市娄东街道李家巷

178 四季　太仓市太仓收费站（出口方向）

179 春　太仓市太胜工业园（太胜工业园线）西 100 米

180-181 四季　太仓市太胜工业园（太胜工业园线）西 100 米

182-183 四季　178 四季　太仓市太仓收费站（出口方向）东北 150 米